TABLEAU MÉTHODIQUE DES MINÉRAUX,

SUIVANT LEURS DIFFÉRENTES NATURES,

Et avec des caractères distinctifs, apparens ou faciles à reconnoître.

PREMIER ORDRE.

SABLES, TERRES ET PIERRES.

Ces substances ne fondent pas dans l'eau comme les sels, ne brûlent pas comme les substances combustibles, et n'ont pas l'éclat des matières métalliques.

PREMIERE CLASSE.

Pierres qui étincellent par le choc du briquet.

GENRES.	SORTES.	VARIÉTÉS.
	1. opaque ou demi-transparent.	1. gras. 2. feuilleté. PIERRE MEULIÈRE. 3. Cristallisé, *pyramide à 6 faces.*

GENRES	SORTES.	VARIÉTÉS.
1. Quartz, *substance cristalline, cassure vitreuse, quelquefois un peu lamelleuse.*	2. transparent, CRISTAL DE ROCHE, *deux pyramides à 6 faces, avec ou sans prisme à 6 pans.*	1. blanc. 2. rouge. RUBIS DE BOHÊME. 3. jaune. TOPASE OCCIDENTALE. 4. roux ou noirâtre. TOPASE ENFUMÉE. 5. vert. 6. bleu. SAPHIR d'EAU. 7. violet. AMÉTHISTE. 8. irisé.
	3. en fragmens agglutinés, GRÈS, *cassure grenue.*	1. dur. 2. tendre. 3. du levant. *Grain très-fin.* 4. à filtrer. *Poreux.* 5. luisant. 6. veiné. 7. à gros grains. 8. herborisé.
	4. en grains détachés, SABLES, *surface vitreuse.*	1. anguleux. 2. fluide.
	1. AGATES, *toutes couleurs, excepté le blanc laiteux, le beau rouge, le bel orangé et le vert.*	1. nuées. 2. veinées. 3. onix. 4. irisées. 5. mousseuses. 6. ponctuées. 7. herborisées.

GENRES.	SORTES.	VARIÉTÉS.
2. Pierres demi-transparentes, *substance quartzeuse, couches concentriques, ou cassure écailleuse.*	2. Calcédoines, *transparence laiteuse.*	1. d'un blanc laiteux. 2. rougeâtres. 3. bleuâtres. 4. veinées. 5. onix. 6. irisées. OPALES. 7. arrondies et solides. GIRASOLS. 8. arrondies et creuses. ENHYDRES. 9. en stalactites. 10. en sédiment. 11. spongieuses. HYDROPHANES.
	3. Cornalines, *beau rouge.*	1. pâles. 2. foncées. 3. onix. 4. herborisées. 5. en stalactites.
	4. Sardoines, *orangé.*	1. pâles. 2. foncées. 3. veinées.. 4. onix. 5. herborisées. 6. noirâtres.
	5. Pierres à fusil, *grises, blondes, rousses, noirâtres.*	1. tuberculeuses. 2. par lits.
	6. Prases, *vertes.*	1. vertes. 2. nuées. 3. tachées.
	7. Jades, *poli gras.*	1. blanchâtres. 2. olivâtres. 3. verts.
	8. Petrosilex, *transparence de cire, cassure écailleuse.*	1. blanc. 2. rougeâtre. 3. veiné.

GENRES.	SORTES.	VARIÉTÉS.
3. Pierres opaques, *substance quartzeuse, couches concentriques, ou cassure terne, quelquefois écailleuse.*	1. Cailloux, *couches concentriques.*	1. tachés. 2. veinés. 3. onix. 4. œillés. 5. herborisés. 6. réunis en brèches. POUDINGS.
	2. Jaspes, *sans couches concentriques.*	1. verts. 2. rouges. 3. jaunes. 4. bruns. 5. violets. 6. noirs. 7. gris. 8. nués. 9. tachés. 10. veinés. 11. onix. 12. fleuris, *de 2, 3 ou 4 couleurs.* 13. universels, *fleuris de plus de 4 couleurs.* 14. par fragmens réunis en brêche.
4. Spath étincelant, FELD-SPATH. *cassure à*	1. Cristallisé régulièrement.	1. en prismes à 6 pans avec des sommets à 2 faces. 2. en prismes à 10 pans avec des sommets à 2 faces et 4 facettes. 3. à deux moitiés de cristaux accolées en sens contraires.

GENRES.	SORTES.	VARIÉTÉS.
faces brillantes, perpendiculaires l'une sur l'autre.	2. cristallisé confusément.	1. blanc. 2. gris de perle. OEIL DE POISSON. 3. rouge. 4. rouge à paillettes brillantes. AVENTURINE. 5. vert. 6. bleu. 7. violet. 8. à reflets colorés en vert et en bleu. PIERRE DE LABRADOR. 9. à reflets diversement colorés. OEIL DE CHAT.
	1. rouges.	1. Grenats. *cristallisés à 12, 36 ou 24 faces. Il y a aussi des Grenats jaunes, bruns, etc.* 2. Rubis balais, *couleur de rose, cristallisés en octaëdre.*
	2. rouges et orangés.	3. Rubis spinelles, *couleur de feu, cristallisés comme le rubis balais.* 4. vermeilles, *cristallisées comme le grenat.* 5. Hyacinthe-la-belle, *cristallisée à 4 pans exagones, avec des sommets à 4 faces rhomboïdales.*
	3. orangés.	6. HYACINTHES, *cristallisées comme l'hyacinthe-la-belle.*

GENRES.	SORTES.	VARIÉTÉS.
5. Cristaux gemmes, *transparens et lamelleux, non électriques par chaleur sans frottement.*	4. jaunes.	7. TOPASES D'ORIENT, *cristallisées à 2 pyramides à 6 faces.* 8. TOPASES DE SAXE, *cristallisées à 8 pans, avec des sommets à 13 faces.*
	5. jaunes et verts.	9. PERIDOTS, *cristallisés en prismes très-cannelés, avec des sommets à plusieurs faces.* 10. CHRYSOLITES, *cristallisées en prismes à 6 pans, avec des pyramides à 6 faces.*
	6. verts.	11. ÉMÉRAUDES DU PÉROU, *cristallisées en prismes à 6 pans.* 12. EUCLASES, *cristallisées en prismes très-cannelés, avec des sommets à plusieurs faces, sections longitudinales très-lisses.*
	7. verts et bleus.	13. AIGUE-MARINES, *cristallisées comme la topase de Saxe.*
	8. bleus.	14. SAPHIRS D'ORIENT, *cristallisés comme la topase d'Orient.*

GENRES.	SORTES.	VARIÉTÉS.
		15. Cymophanes, *des reflets blanchâtres et bleuâtres, flottans dans l'intérieur de la pierre.*
	9. indigos.	16. Saphirs indigo, *cristallisés comme la topase et le saphir d'Orient.*
	10. rouges et violets.	17. Grenats Syriens, *cristallisés comme le grenat.* 18. Rubis d'Orient, *cristallisés comme la topase et le saphir d'Orient.*

Nota. Les pierres Gemmes qui ont été formées sans matières colorantes, sont blanches.

GENRES.	SORTES.	VARIÉTÉS.
6. Cristaux, gemmes-tourmalines, *composés de lames perpendiculaires à l'axe du cristal, électriques par la chaleur.*		1. Rubis du Brésil, *rouges, en prismes à 4 pans, avec des pyramides à 4 faces.* 2. Topases du Brésil, *jaunes, cristallisées comme le Rubis du Brésil.*

GENRES.	SORTES.	VARIÉTÉS.
7. Tourmalines, *électriques par la chaleur seule, sans frottement ; point de lames perpendiculaires à l'axe du cristal.*		1. Tourmalines rhomboïdales. 2. Tourmalines à 12 rhombes. 3. Tourmalines à 9 pans, avec des sommets à 3 faces. 4. Tourmalines à 9 pans, avec un des sommets à 3 faces, et l'autre à 6, dont 3 tendent à se réunir en sommet aigu. 5. Tourmalines à 9 pans, avec un sommet à 3 faces, et l'autre à 6, dont 3 se réunissent en sommet très-obtus.
8. Schorls, *lamelleux, non-électriques par la simple chaleur, sans frottement ; cristaux opaques ou longues aiguilles vertes transparentes.*	1. Cristallisés.	1. à 12 quadrilateres. 2. à 8 pans avec un sommet à 4 faces et l'autre à 2. 3. à 8 pans avec des sommets à 2 faces.
	2. En fragmens aglutinés.	1. Schorl spathique, *des stries avec des reflets.* 2. Pâte de Schorl, *cassure à points brillans.*

GENRES.	SORTES.	VARIÉTES.
9. Pierre de Croix, ou Croisette, *divisible longitudinalement en deux moitiés.*		1. en prisme oblique à 4 pans. 2. en prisme solitaire exaëdre. 3. à deux prismes croisés.
10. Spath adamantin, *fragmens en rhomboïdes peu aigus.*		
11. Jargon de Ceylan, *cristal en prisme rectangle à 4 pans, avec des pyramides à 4 faces.*		
12. Spath boracique, *électrique par la seule*		

GENRES.	SORTES.	VARIÉTÉS.
chaleur sans frottement, cristaux en cubes incomplets dans leurs arêtes et dans 4 de leurs angles solides.		
13. Pierre d'azur, *opaque et bleue.*		1. bleue pourprée. 2. bleue.

SECONDE CLASSE.

Terres et Pierres qui n'étincellent pas sous le briquet, et qui ne font point d'effervescence avec les acides.

GENRES.	SORTES.	VARIÉTÉS.
1. Argiles, *mouillées, elles sont ductiles ; sèches, elles se polissent sous le doigt.*	1. absolument infusibles.	1. pour les pots de verrerie. 2. pour les pipes à fumer.
	2. en partie fusibles.	1. pour la porcelaine. 2. pour la poterie d'Angleterre. 3. pour la poterie de grès.

GENRES.	SORTES.	VARIÉTÉS.
	3. entièrement fusibles.	1. pour la poterie commune. 2. pour la faïence. 3. pour les carreaux. 4. pour la tuile. 5. pour la brique.
2. Schîtes, *cassure feuilletée et argileuse.*		1. Pierre noire. 2. Schites communs. 3. Ardoise. 4. Pierre à polir. 5. Pierre verte. 6. Pierre à rasoir. 7. par fragmens réunis en brèche.
3. Talc, *lames polies et luisantes, sans cassure spathique.*	1. en grandes feuilles.	Talc de Moscovie.
	2. en petites lames.	Mica.
4. Cyanite, *des lames rectangles bleues avec un rebord blanc.*		
5. Stéatites, *douces au toucher comme le suif.*	1. par couches et demi-transparentes.	1. Craie de Briançon fine. 2. Craie de Briançon grossière.
	2. compactes et demi transparentes.	1. Pierre de Lard. 2. Craie d'Espagne.
	3. compactes et opaques. 4. Pierres ollaires.	1. Pierre de Côme. 2. Pierre ollaire feuilletée.

GENRES.	SORTES.	VARIÉTÉS.
6. Serpentines, *le poli et les couleurs du marbre.*	1. opaques.	1. tachées. 2. veinées.
	2. demi-transparentes.	1. grenues. 2. fibreuses.
7. Amiante, *filamens non calcinables, plus ou moins longs, ou feuillets plus légers que l'eau.*	1. en filamens doux.	1. Amiante longue. 2. Amiante courte.
	2. en filamens durs.	1. Asbeste mûr. 2. Asbeste non mûr.
	3. en feuillets.	1. Cuir fossille. 2. Liége fossille.
8. Zéolite, *soluble en gelée par les acides, composée de lames parallèles à l'axe des cristaux à 4 pans, ou à la base des cristaux à six pans.*	1. cristallisée.	1. presque cubique. 2. à 4 pans rectangles, avec des sommets à 4 faces triangulaires. 3. à 4 pans exagones, avec des sommets à 4 faces rhomboïdales. 4. en prisme droit exaëdre incomplet dans deux de ses angles solides.
	2. striée.	En stries divergentes,
	3. compacte.	quelquefois colorée.
9. Spath fluor, *fragmens à faces triangulaires, toutes inclinées les unes sur les autres.*	1. en cristaux.	1. octaëdres. 2. octaëdres cunéiformes. 3. à 14 faces. 4. cubiques.
	2. en masses informes.	

GENRES.	SORTES.	VARIÉTÉS.
10. Spath pesant, *fragmens rhomboïdaux, faces latérales perpendiculaires sur les bases.*	1. cristallisé.	1. en prismes courts rhomboïdaux. 2. en octaëdres cunéiformes à sommets aigus. 3. en octaëdres cunéiformes à sommets obtus. 4. en segmens d'octaëdres cunéiformes à sommets aigus. 5. en segmens d'octaëdres cunéiformes à sommets obtus. 6. en tables. 7. en crête de coq.
	2. cristallisé confusément.	PIERRE DE BOLOGNE.
11. BARYTE AÉRÉE, *en masses grises et striées.*		
12. PHOSPHATE CALCAIRE, *semblable à la pierre calcaire; en poussière, il est très-phosphorescent sur les charbons ardens.*		
13. APATITE, *cristallisé en prismes exaëdres réguliers.*		

TROISIÈME CLASSE.

Terres et Pierres qui font effervescence avec les acides.

GENRES.	SORTES.	VARIÉTÉS.
1. Terres calcaires, *effervescence avec les acides.*	1. compactes. 2. spongieuses. 3. en poudre. 4. en bouillie. 5. figurées.	Craie. Moëlle de pierre. Farine fossile. Lait de lune. En congellation.
2. Pierres calcaires, *mauvaises couleurs et mauvais poli.*	1. à gros grain.	EXEMPLE. La pierre d'Arcueil.
	2. à grain fin.	EXEMPLE. La pierre de Tonnerre.
3. Marbres, *cassure grenue, belles couleurs, beau poli.*	1. de 6 couleurs.	Blanc, gris, vert, jaune, rouge et noir. EXEMPLE. Marbre de Wirtemberg.
	2. de 2 couleurs.	Suivant les 15 combinaisons, 2 à 2, des 6 couleurs. EXEMPLE. 1. blanc et gris. Marbre de Carrare. 2. gris et noir. Marbre herborisé. Marbre de Hesse.
	3. de 3 couleurs.	Suivant les 20 combinaisons, 3 à 3, des 6 couleurs. EXEMPLE. gris, jaune et noir. Lumachelle.

GENRES.	SORTES.	VARIÉTÉS.
	4. de 4 couleurs.	Suivant les 15 combinaisons, 4 à 4, des 6 couleurs. EXEMPLE. blanc, gris, jaune et rouge. Brocatelle d'Espagne.
	5. de 5 couleurs.	Suivant les 6 combinaisons, 5 à 5, des 6 couleurs. EXEMPLE. blanc, gris, jaune, rouge et noir. Brèche de la v. Castille.
4. Spath calcaire, *forme régulière, cassure spatique.*	1. en cristal.	1. rhomboïdal obtus. SPATH D'ISLANDE.
		2. rhomboïdal très-obtus.
		3. rhomboïdal aigu.
		4. à 12 rhombes.
		5. à 12 triangles.
		6. en prismes exaëdres.
		7. à 12 pentagones.
		8. à 18 trapèzoïdes.
	2. rameux. FLOS FERRI.	1. hérissé de pointes.
		2. lisses.
5. Concrétions, *couches successives.*	1. par stalactites.	1. en colonnes.
		2. en nappes.
		3. façonnées en albâtre
	2. par incrustation.	
	3. par sédimens.	1. horisontaux.
		2. arrondis.

QUATRIÈME CLASSE.

Terres et Pierres mélangées de celles des trois classes précédentes.

Terres mélangées.

GENRES.	SORTES.	VARIÉTÉS.
1. Sablon et argile.	Sablon des Fondeurs.	Sablon de Fontenai-aux-Roses.
2. Sable et terre calcaire. 3. Argile et terre calcaire.	Marne.	1. Marne, bol d'Arménie. 2. Marne, terre sigillée. 3. Pierre à détacher. 4. Terre à foulon. 5. Terre à porcelaine. 6. Terre à pipe. 7. Terre à faïance. 8. Marne blanche. 9. Marne feuilletée. 10. Marne d'engrais.

Pierres mélangées.

DE DEUX GENRES.

Quartz et Spath étincelant.	Granitin.
Quartz et Schorl.	Granitelle.
Quartz et Stéatite.	Stéatite quartzeuse.
Quartz et Mica.	Quartz micacé.
Quartz transparent et Mica.	Cristal micacé.
Quartz en grès et Pierre gemme.	1. Grenat sur du grès. 2. Grenat dans du grès.
Quartz en grès et Mica.	Grès micacé.
Quartz en grès et substance calcaire.	1. Grès cristallisé, *en rhomboïdes aigus.* 2. Grès en stalactites.

Quartz en sablon et Pierre opaque.	Brèche sablonneuse et silicée.
Quartz en sablon et Schite. .	Schite étincelant. PIERRE DE CORNE, TRAP.
Quartz en sablon et Zéolite.	Zéolite étincelante.
Spath étincelant et pâte de Schorl.	Ophite.
Pierre demi-transparente et Pierre opaque.	Agate jaspée, ou jaspe agathé.
Schorl et Mica.	Schorl spathique micacé
Schite et Mica.	Schite micacé.
Schite et Marbre.	Pierre de Florence.
Serpentine et Marbre. . . .	1. Marbre vert d'Égypte. 2. Marbre vert de mer. 3. Marbre vert antique. 4. Marbre vert de Suze. 5. Marbre vert de Varalte.
Spath pesant et matière calcaire.	Spath pesant alkalin.

DE TROIS GENRES.

Quartz en sablon, Schite et Mica.	Pierre à faux.
Quartz, Pierre gemme et Mica.	Roche granatique.
Pâte quartzeuse, Spath étincelant en petits fragmens, et Schorl.	Porphyre.
Pâte quartzeuse, Spath étincelant en gros fragmens, et	

Schorl.	Serpentin. SERPENTINE DURE.
Quartz, Schorl et Stéatite. .	Roche tuberculeuse.
Quartz, Spath étincelant, et Schorl.	Granit.

DE QUATRE GENRES.

Quartz, Spath étincelant, Schorl et Mica.	Granit.
D'UN NOMBRE PLUS OU MOINS GRAND DE GENRES RÉUNIS EN BRÈCHES.	Brèches universelles.
DOUBLES BRÈCHES.	1. Fragmens de Porphyre et pâte de Porphyre. 2. Fragmens de Granit et pâte de Schorl.

SECOND ORDRE.

Sels fossiles, solubles dans l'eau.

GENRES.	SORTES.	VARIÉTÉS.
	1. Alkali minéral, *fait effervescence avec les acides, cristallise en octaëdre à triangles scalènes.*	1. Natron. 2. Aphronatron.

GENRES.	SORTES.	VARIÉTÉS.
1. Sels alkalins, ou dont la base est un alkali.	2. Sel commun, *décrépite au feu, fragmens cubiques, cristallise en cubes et en trémie.*	1. Sel marin. 2. Sel gemme.
	3. Borax, *transparence gélatineuse, bouillonne par le feu; cristallise en prismes à 6 pans, avec des sommets à plusieurs faces.*	1. brut. TINKAL. 2. purifié.
	4. Sel ammoniac, *se volatilise en fumée par le feu; est grenu ou cristallisé en plumes composées de prismes à 4 pans, avec des pyramides à 4 faces.*	1. natif. 2. factice.
	5. Nitre ou salpêtre; *détonne sur des charbons ardens.*	1. en octaëdre cunéiforme. 2. à deux pyramides quadrangulaires naissantes.

GENRES.	SORTES.	VARIÉTÉS.
2. Sels terreux, ou dont la base est une terre.	1. Nitre calcaire, *très-déliquescent.*	1. en prismes à 6 pans, terminés par des pyramides à 6 faces.
		2. en aiguilles.
	2. Gypse, *calcinable en plâtre; peu soluble dans l'eau.*	1. grossier opaque.
		2. grossier demi-transparent.
		3. fin opaque.
		4. fin demi-transparent; ALBATRE-GYPSEUX.
		5. strié opaque.
		6. strié demi-transparent.
		7. à 10 faces.
		8. à 10 faces en cristaux accolés.
		9. lenticulaire.
	3. Sel d'Epsom, *saveur amère.*	1. en prismes à 4 pans, avec des sommets à 2 faces.
		2. en prismes à 4 pans, avec des sommets à 4 faces.
	4. Alun, *transparence limpide, cassure vitreuse.*	1. en octaëdre régulier.
		2. en octaëdre incomplet dans ses bords et ses angles solides.
		3. en segment d'octaëdre.
		4. en roche, *informe.*
		5. en plume, *des filamens.*

GENRES.	SORTES.	VARIÉTÉS.
3. Sels métalliques, ou dont la base est un métal.	1. Vitriol bleu, *d'un bleu foncé.*	1 en parallélipipède obliquangle.
		2. en prisme oblique, à 6, 8 ou 10 pans.
		3. en prisme oblique à 8 pans, avec des sommets à plusieurs faces.
	2. Vitriol vert, *d'un vert peu foncé.*	1. en rhomboïde, peu différent du cube.
		2. en rhomboïde incomplet dans ses angles solides.
		3. en filamens.
	3. Vitriol blanc, *couleur blanche.*	1. en prisme à 4 pans, terminé par des sommets à plusieurs faces.
		2. Grenu, *semblable au sucre.*
		3. en filamens.

TROISIÈME ORDRE.

Substances combustibles.

1. Diamans, *les plus durs et les plus brillans de tous les minéraux.*	1. cristalisés, *faces convexes.*	1. en octaèdre.
		2. à 12 faces.
		3. à 24 faces.
		4. à 48 faces.
	2. cristalisés irrégulièrement.	

GENRES.	SORTES.	VARIÉTÉS.
2. Soufre, *odeur sulfureuse.*	1. natif.	1. en octaëdre. 2. informe.
	2. fondu.	1. en aiguilles. 2. informe.
3. Bitumes, *odeur bitumineuse.*	1. Charbon de terre, *solide et fragile.*	1. terreux. 2. feuilleté. 3. grenu. 4. compacte.
	2. Jais, *solide, dur et susceptible de poli.*	
	3. Asphalte, *solide et friable.*	1. Bitume de Judée. 2. Asphalte terreux.
	4. Pisasphalte, *consistance de poix.*	
	5. Bitume fluide.	1. Pétrole, *jaunâtre.* 2. Naphte, *blanc.*
	6. Ambre gris, *consistance de cire.*	1. taché. 2. noirâtre.
	7. Ambre jaune, *électrique par le frottement.*	1. transparent. 2. opaque.

QUATRIÈME ORDRE.

Substances métalliques.

PREMIÈRE CLASSE.

Demi-Métaux.

GENRES.	SORTES.	VARIÉTÉS.
1. Arsenic, *odeur d'ail par la percussion ou par le feu.*	3. en chaux.	1. en efflorescence.
		2. en aiguilles, *blanches transparentes.*
	4. en minerai par le soufre.	1. Orpiment, *jaune.*
		2. Réalgal, *rouge.*
	5. en chaux et en minerai.	
2. Cobalt,	2. en régule.	1. en masse, *grains jaunâtres et rougeâtres sur la cassure.*
		2. en cubes.
	3. en chaux.	1. grenue, *noire.*
		2. en prismes à 4 pans, avec des sommets à 2 faces.
3. Bismuth,	1. natif, *lames jaunâtres qui font retraite.*	
	2. en régule.	1. cristallisé en cubes.
		2. informe, *comme le bismuth natif.*
	3. en chaux, *jaune verdâtre ou pâle.*	

GENRES.	SORTES.	VARIÉTÉS.
	4. en minerai par le soufre.	Mine de bismuth sulfufureuse, *la couleur et l'éclat de la galene, avec des facettes quarrées, sans fragmens cubiques.*
4. Antimoine.	1. natif, *blanc comme l'argent, cassure à grandes facettes brillantes.*	
	2. en régule.	1. en feuille de fougère.
		2. en étoile.
		3. en cristaux saillans, composés d'octaëdres.
	3. en chaux blanche.	1. grenue.
		2. en aiguilles.
	4. en minerai par le soufre, *gris-de-fer et léger; il répand une odeur de soufre sur les charbons ardens.*	1. en masses.
		2. en aiguilles qui sont des prismes à 6 pans, avec des pyramides à 4 faces.
	5. en différens états.	Chaux et Minerai.
5. Zinc.	2. en régule.	1. cristallisé en aiguilles quadrangulaires, composées d'octaëdres implantés.
		2. informe, *blanc-bleuâtre.*

GENRES.	SORTES.	VARIÉTÉS.
6. Manganèse, *point d'odeur sur les charbons ardens, une très-mauvaise odeur dans l'acide marin.*	2. en régule, *couleur blanche, quelquefois irisée; grain serré, qui effleurit.*	
	3. en chaux.	1. en masses dures, PÉRIGUEUX, *noirâtre, gris-de-fer ou jaunâtre, un peu poreux, avec des parcelles brillantes.*
		2. en masses tendres, *brunes, noires et très-légères.*
	4. en minérai.	1. en aiguilles par faisceaux.
		2. en aiguilles divergentes.
		3. en cristallisation confuse.
7. Nickel.	2. en régule, *blanc, brillant, rougeâtre, surtout à l'extérieur; cassure lamelleuse; très-fragile.*	
8. Molybdène, *combustible.*	2. en régule, *petits grains aglutinés et cassans.*	
	4. en minérai par le soufre, *cassure lamelleuse, noirâtre et brillante.*	

GENRES.	SORTES.	VARIÉTÉS.
9. Tungstène.	2. en régule, *fragile, couleur brunâtre; cassure écailleuse.*	
	3. en chaux, *très-pesante, blanchâtre, jaunâtre ou rougeâtre, en octaëdre.*	
10. Uranite.	3. en chaux, *blanche, jaune ou rouge.*	
	4. en minérai par le soufre, *de couleur grise foncée.*	
	5. en différens états de chaux et de minérai.	

SECONDE CLASSE.

Mercure.

Mercure, ou vif-argent.	1. natif ou distillé, *fluide, froid et pesant.*	
	4. en minérai par le soufre.	Cinnabre; *rouge; ses cristaux sont composés de 2 pyramides à 3 faces.*

GENRES.	SORTES.	VARIÉTÉS.
	4. en minérai par l'acide marin.	Mine de mercure cornée, *blanche ou grise, mammelonnée ou en aiguilles prismatiques.*
	5. en différens états.	Natif et en minérai.

TROISIÈME CLASSE.

Métaux.

	2. en régule, *gris livide.*	1. cristallisé en cristaux saillans, composés d'octaëdres. 2. informe.
	3. en chaux minéralisée par l'acide aérien.	1. Mine de plomb spathique cristallisée, *en prismes à 6 pans, avec des pyramides à 6 faces, ou en aiguilles cannelées.* 2. Mine de plomb spathique informe.
1. Plomb.	3. en chaux minéralisée par l'acide phosphorique.	1. Mine de plomb noire ou très-roussâtre, etc. *cristaux en prismes droits à 6 pans.* 2. Mine de plomb verte, *prisme droit à 6 pans, quelquefois terminé par des pyramides à 6 faces, complètes ou incomplètes.*

GENRES.	SORTES.	VARIÉTÉS.
		3. Mine de plomb jaune, *lames rhomboïdales ou exagonales.*
	4. en chaux minéralisée par les acides arsénical et phosphorique, *en masse mamelonée et jaunâtre.*	
2. Etain.	1. natif, *noir, fragile, semblable au régule d'étain, lorsque ses parcelles ont été battues.*	
	2. en régule.	1. cristallisé en cristaux blancs saillans, composés d'octaëdres. 2. informe, *blanc avec une teinte de gris et quelquefois de jaune.*
	3. en chaux.	Cristaux blancs octaëdres, *plus lourds que le spath pesant, et d'un poli gras.*

GENRES.	SORTES.	VARIÉTÉS.
3. Fer.	2. en régule, *attirable par l'aimant.*	1. cristallisé en cristaux saillans, composés d'octaëdres. 2. informe, *gris.*
	3. en chaux, *presque toujours non attirable par l'aimant.*	1. Ocres, *elles deviennent rouges ou plus rouges par le feu.* 2. Bleu de Prusse natif, *poudre d'un bleu pâle et terne.* 3. Mine de fer micacée rouge. 4. Concrétions ferrugineuses, *plus pesantes que les concrétions calcaires.* 5. Mine de fer hépatique, *brune, noirâtre, en cube, globuleuse ou informe.* 6. Mine de fer spathique, *fer hépatique avec la structure du spath calcaire.* 7. Hématite, *striée ou mamelonnée, poussière rouge ou jaune.* 8. Crayon rouge ou sanguine.
	4. en minérai par le soufre.	Pyrites ferrugineuses, *jaunes, souvent très-pâles, brunes, lorsqu'elles sont changées en fer hépathique, globuleuses, cubiques, octaëdres, dodécaëdres à faces*

GENRES.	SORTES.	VARIÉTÉS.
		pentagonales, polyëdres à 20 faces triangulaires.
	4. en minérai. *par l'air fixe.*	Plombagine ou mine de plomb, *combustible; cassure tuberculeuse noire.*
	5. en différens états de régule et de chaux, *attirables par l'aimant.*	1. Mine de fer micacée grise. 2. Mine de fer à 24 faces. 3. Mine de fer lenticulaire. 4. Mine de fer octaëdre. 5. Mine de fer en lames. 6. Emeri, *très-dur.* 7. Mine de fer grise, bleuâtre, noirâtre. 8. Aimant, *magnétisme.*
	1. natif, *rouge.*	1. en grains. 2. en lames. 3. en tubercules. 4. en filamens. 5. herborisé. 6. octaëdre.
	2. en régule, *rouge.*	1. cristallisé en cristaux saillans, composés d'octaëdres. 2. informe.
		1. Azur de cuivre, *en cristaux octaëdres cunéiformes.* 2. Bleu de montagne, *pâle.*

GENRES.	SORTES.	VARIÉTÉS.
4. Cuivre, *sa dissolution par l'alkali volatil est bleue.*	3. en chaux.	3. Mine soyeuse, *semblable à un duvet vert ou rouge.* 4. Vert de cuivre, *informe ou cristallisé en aiguilles divergentes ou parallèle* 5. Vert de montagne *pâle.*
	3. en chaux minéralisée par l'acide aérien.	Malachite, *des tubercules à l'extérieur, des zones à l'intérieur, avec une couleur d'un beau vert.*
	4. en minérai par le soufre.	Mine de cuivre vîtreuse, *en octaëdres, en cubes ou en masses brunes rougeâtres.*
	5. en différens états.	Mine de cuivre natif et en chaux.
5. Argent.	1. natif, *blanc.*	1. en grains. 2. en masses. 3. en filamens. 4. en filets. 5. en lames. 6. en végéta ion. 7. en herborisation. 8. en cubes.
	2. en régule.	1. cristallisé en cristaux saillans, formés par des octaëdres blancs. 2. informe. *cassure blanche et grenue.*
	3. en minérai par le soufre.	Mine d'argent vîtreuse, *grise, noirâtre, un peu malleable.*

GENRES.	SORTES.	VARIÉTÉS.
	4. en minérai par l'acide marin.	Mine d'argent cornée ; *jaunâtre comme de la corne, tendre comme de la cire.*
	5. en différens états.	Argent natif et mine cornée.
6. Platine.	2. en régule, *blanc comme l'argent, soluble seulement par l'eau régale.*	
7. Or.	1. natif, *jaune.*	1. en poudre. 2. en grains. 3. en paillettes. 4. en masses. 5. en filamens. 6. en végétation. 7. en lames. 8. en cristaux octaëdres.
	2. en régule.	1. cristallisé en cristaux saillans, formés par des octaëdres jaunes. 2. informe, *cassure jaune et grenue.*

QUATRIÈME CLASSE.

Substances métalliques mélangées ou combinées.

GENRES.	SORTES.	VARIÉTÉS.
	1. Arsénic et Cobalt, *odeur d'ail par la*	1. Mine de Cobalt en masse, *cassure du Cobalt, moins colorée.*

GENRES.	SORTES.	VARIÉTÉS.
	percussion ou par l'action du feu.	2. Mine de Cobalt grise cristallisée, *en cubes ou en octaëdres blancs.*
	2. Arsénic et Bismuth, *odeur d'ail, etc.*	Mine de Bismuth arsénicale, *ramifications soyeuses.*
	3. Arsénic et Antimoine, *odeur d'ail, etc.*	1. Mine d'Arsénic et d'Antimoine, *aiguilles rouges.* 2. Mine d'Antimoine natif et d'Arsénic, *lames blanches, jaunâtres, entassées les unes sur les autres.*
	4. Arsénic et plomb, *odeur d'ail, etc.*	Mine de Plomb rouge, *prisme rouge à 4 pans rhomboïdaux.*
	5. Arsénic et Fer, *odeur d'ail, etc.*	Mine de fer blanche arsénicale, MISPICKEL, *de couleur d'étain, en masse ou en prismes à 4 pans.*
	6. Arsénic et Argent, *odeur d'ail, etc.*	Mine d'argent rouge transparente, *rouge pourpre au moins à l'intérieur; prisme à 6 pans, avec des sommets à 3 faces.*
	7. Cobalt et Fer.	Mine de Cobalt sulfufureuse, *jaune ou rougeâtre, attirable par l'aimant.*

GENRES.	SORTES.	VARIÉTÉS.
1. Mines mélangées de 2 substances métalliques.	8. Antimoine et Argent.	1. Mine d'argent blanche, antimoniale. *ressemblante à l'argent natif, mais cassante.*
		2. Mine d'argent en plumes, *filamens élastiques, sans odeur d'ail.*
	9. Zinc et Fer.	1. Calamines, *en octaëdres ou en lames rectangles divergentes, électriques par la chaleur ; ou en masses informes.*
		2. Blendes ; *elles s'exfolient aisément, leurs cristaux sont en dodécaëdres, comme le grenat, avec quelques facettes de plus, en tétraëdres, en octaëdres, etc.*
	10. Uranite et Fer.	Mine d'Uranite ferrugineuse, *noirâtre et noire, et brillante dans quelques endroits.*

GENRES.	SORTES.	VARIÉTÉS.
	11. Uranite et cuivre.	Mine d'Uranite cuivreuse, *rougeâtre, poreuse, ou en lames carrées à double biseau et d'un très-beau vert.*
	12. Mercure et Argent.	Amalgame de Mercure et d'Argent, *pâte molle, pesante et brillante.*
	13. Plomb et Argent.	Galenes; *elles sont d'un blanc livide; elles cristallisent en cube, en octaèdre, en prisme à 4 pans avec des sommets à 4 faces terminés par une facette: leurs fragmens sont cubiques.*
	14. Etain et Fer.	1. Mine d'étain cristallisée, *cristaux étincelans, plus durs que ceux de la Blende, en prisme à 4 pans, avec des pyramides à 4 faces, souvent groupés.*
		2. Mine d'étain œillée, *veinée de brun, semblable au caillou œillé, mais beaucoup plus pesante.*
		1. Mine jaune de cuivre, *jaune-verdâtre, et successivement de plusieurs belles couleurs d'iris, en se décomposant; tétraëdre.*

GENRES.	SORTES.	VARIETÉS.
	15. Fer et Cuivre.	2. Mine jaune-pâle de cuivre, *foible teinte de jaune verdâtre ; octaëdre ou cubique.*
		3. Pyrites cuivreuses, *jaunes ou jaunes verdâtres, tétraëdres ou octaedres, jamais brunes.*
	16. Fer et Platine.	Mine de Platíne, *en paillettes grises, dont les bords sont arrondis ; la plupart de ces paillettes sont attirables par l'aimant; toutes ne sont solubles que par l'eau régale.*
2. Mines, mélangées de	1. Arsénic, Cobalt et Bismuth.	Mine de bismuth arsénicale et cobaltique. *fleurs de cobalt sur la mine de bismuth arsénicale.*
	2. Arsénic, Cobalt et Fer.	Mine de cobalth arsénicale, *cubes blancs-jaunâtres, complets ou incomplets, ou dodécaëdres à faces pentagonales.*
	3. Arsénic, Fer et Argent natif.	Mine d'argent blanche, *cassure grenue, couleur cendrée.*
	4. Arsénic, Fer et Argent.	1. Mine d'argent arsénicale, *couleur blanchâtre et luisante, cassure grenue.*

GENRES.	SORTES.	VARIÉTES.
trois substances métalliques.		2. Mine d'argent rouge opaque, *rapure rouge pourprée.*
	5. Antimoine, Plomb et Argent.	Galene antimoniale, *striée comme la mine d'antimoine.*
	6. Manganèse, Tungstène et Fer.	Wolfram, *noirâtre fort pesant, en masse ou en prisme comprimé à 6 pans avec des pyramides à 4 faces et des facettes à la place des angles solides.*
	7. Plomb, Fer et Argent.	Galene martiale, *plus dure et plus pesante que la Galene commune.*
	8. Fer, Cuivre et Argent.	Mine noire d'argent, *des indices d'argent sur une matière noire.*
3. Mines mélangées de 4 substances métalliques.	1. Arsénic, Cobalt, Fer et Cuivre.	Kupfernickel, *jaune-rougeâtre.*
	2. Arsénic, Antimoine, Fer et Argent.	Mine d'argent en plumes arsénicale, *aiguilles soyeuses un peu fléxibles, odeur d'ail.*
	3. Arsénic, Fer, Cuivre et Argent.	Mine de cuivre grise, ou mine d'argent grise, *couleur grise plus ou moins foncée, cassure lamelleuse plus ou moins brillante, cristaux tétraëdres.*

GENRES.	SORTES.	VARIÉTÉS.
	4. Zinc, Fer, Argent et Or.	Blende tenant argent et or, *les caractères de la Blende avec des indices d'argent et d'or.*
4. Mines mélangées de 5 substances métalliques.	Arsénic, Cobalt, Fer, Cuivre et Argent.	Mine d'argent fiente d'oie, *argent natif ou argent rouge, sur une matière couleur de fiente d'oie.*
5. Mines mélangées de 6 substances métalliques.	Arsénic, Cobalt, Fer, Cuivre, Argent et Or.	Kupfernickel tenant argent et or, *les caractères du Kupfernickel, avec des indices d'or et d'argent.*
6. Mines mélangées de 7 substances métalliques.	Zinc, Antimoine, Plomb, Fer, Cuivre, Argent et Or.	Mine d'or sulfureuse; *on y voit de la Blende, de l'antimoine spéculaire, de la galene et de la mine d'argent en plumes.*

PRODUITS DES VOLCANS.

1. Scories poreuses.	1. en masses informes.
	2. en masses cordées.
	3. en forme de stalactites.
	4. en fragmens, LAPILLO.
	5. en petits fragmens, POUZZOLANE.
	6. en poussière. CENDRES DES VOLCANS.

GENRES.	SORTES.	VARIÉTÉS.
1. Laves ou matières volcaniques, c'est-à-dire formées par des volcans.	2. Basalte, *compacte et étincelant, cassure noirâtre-cendrée, ect. avec des points brillans, sans feuillets, comme ceux du Schiste étincelant.*	1. en masses informes.
		2. en boules.
		3. en tables.
		4. en prismes à 3, 4, 5, 6, 7, 8 ou 9 pans.
		5. en prismes articulés.
	3. Verre.	1. en filets détachés. FILS DE VERRE.
		2. en filets agglutinés, PIERRE PONCE.
		3. en masse compacte. LAITIER DES VOLCANS. *PIERRE OBSIDIENNE.*
2. Matières volcanisées, c'est-à-dire altérées par la chaleur des Volcans, *indices de cuisson, de calcination, de fonte ou de vitrification.*	1. Cristaux bruns-verdâtres.	
	2. Granit.	
	3. Grenat.	
	4. Mica.	
	5. Peridot.	
	6. Quartz.	
	7. Schorl.	
	8. Spath étincelant.	
	9. Substances calcaires.	
	10. Tripoli.	
	1. de différentes matières volcaniques.	EXEMPLE. Lave poreuse et verte, LAVE ÉMAILLÉE.
	2. de différentes	EXEMPLE. 1. Grenat et terre cuite, OEIL DE PERDRIX.

GENRES.	SORTES.	VARIÉTÉS.
3. Produits mélangés.	matières volcanisées.	2. Pierre calcaire et terre cuite. PÉPÉRINE.
	3. de matières volcaniques et de matières volcanisées.	EXEMPLE. Granit dans du Basalte.

MINÉRAUX *dont on ne connoît pas assez la nature pour les classer.*

Macles,

en prismes carrés ou cylindriques, dont la coupe transversale présente une croix noirâtre.

On a regardé la Macle comme un Schorl; mais cette opinion n'est pas prouvée.

Cristaux bruns verdâtres,

en prismes à 8 pans, avec des pyramides incomplettes à 4 faces: ces cristaux, qui se trouvent parmi les produits volcaniques, se rapprochent de l'hyacinte par leur forme; mais leur structure est différente.

Cristaux violets ou verts,

romboïdaux avec deux facettes à la place de deux arêtes opposées.

On donne à ces cristaux violets et verts, le nom de Schorl, quoiqu'ils ne paroissent pas être de même nature que les Schorls.

AVERTISSEMENT.

Ce Tableau a été exposé en manuscrit dès l'année 1779, dans la Salle du Collége Royal, pendant mes Leçons : on en a tiré beaucoup de copies. J'y ai fait des changemens, à mesure que l'on a acquis de nouvelles connoissances en Minéralogie. J'ai renoncé pour le présent à exposer sur mon Tab eau les résultats de l'analyse chymique des différens minéraux, comme j'avois commencé de le faire, parce qu'ils n'ont pas encore été analysés en assez grand nombre. Mon objet principal, en faisant le Tableau dont il s'agit, a été de faciliter l'étude de la Minéralogie : le meilleur moyen de répandre les Sciences, c'est de simplifier leurs élémens. Les divisions méthodiques concourent à ce but : quoiqu'il ne soit pas possible de metire leurs caractères parfaitement d'accord avec ceux des productions de la Nature; cependant elles sont utiles, commodes et même nécessaires. En donnant une explication détaillée de mon Tableau, lorsque je ferai imprimer mes Leçons d'Histoire Naturelle, j'exposerai les avantages et les défauts de ma distribution méthodique des minéraux. Je fais seulement observer ici que les minéraux sont distribués sur ce Tableau, par Ordres, par Classes, par Sortes et par Variétés : les caractères distinctifs de chaque article de ces divisions méthodiques, sont écrits en lettres italiques.

J'ai distingué chacun des métaux et des demi-métaux dans cinq états différens, qui sont : 1°. le métal ou demi métal natif; 2°. son régule ; 3°. sa chaux ; 4°. son minérai ; 5°. cette même substance métallique en différens états dans le même morceau de minérai. Ces cinq sortes d'un même genre n'ont

pas lieu dans tous les métaux ou demi-métaux ; par exemple, on n'a le Cobalt, page 23, sans mélange d'autres substances métalliques, qu'en régule et en état de chaux ; il n'y a que ces deux sortes du genre du Cobalt qui soient portées sur le Tableau. Il ne s'y trouve que la seconde sorte du genre du Zinc, page 24, parce que les quatre autres ne sont pas connues ou sont mélangées avec d'autres matières métalliques.

Ce Tableau n'est imprimé que sur le recto de chaque feuillet, afin que l'on puisse le faire coller sur toile. S'il est relié, on suivra plus facilement la division méthodique d'un recto à l'autre, que d'un recto au verso d'un même feuillet.

QUATRIÈME ÉDITION.

Par M. Daubenton, *de l'Académie Royale des Sciences, Professeur d'Histoire Naturelle au Collége Royal de France, Garde et Démonstrateur du Cabinet du Jardin des Plantes, des Sociétés Royales de Médecine et d'Agriculture, des Académies et des Sociétés de Londres, de Berlin, de Pétersbourg, de Vergara, de Florence, de Lauzane, de Dijon et de Nancy.*

A PARIS.

Ce Tableau se trouve chez le Portier du Jardin des Plantes, rue de Seine.

De l'imprimerie de du Pont, imprimeur de l'Académie Royale des Sciences, 1792.

www.ingramcontent.com/pod-product-compliance
Ingram Content Group UK Ltd.
Pitfield, Milton Keynes, MK11 3LW, UK
UKHW020348180726
13839UKWH00002B/980